Aventuras de viaje

El parque nacional Tulum

Suma

Logan Avery

Asesora

Colene Van Brunt
Educadora de matemáticas
Escuelas Públicas del Condado de Hillsborough

Créditos de publicación

Rachelle Cracchiolo, M.S.Ed., *Editora comercial*
Conni Medina, M.A.Ed., *Redactora jefa*
Dona Herweck Rice, *Realizadora de la serie*
Emily R. Smith, M.A.Ed., *Realizadora de la serie*
Diana Kenney, M.A.Ed., NBCT, *Directora de contenido*
June Kikuchi, *Directora de contenido*
Caroline Gasca, M.S.Ed., *Editora superior*
Susan Daddis, M.A.Ed., *Editora*
Karen Malaska, M.Ed., *Editora*
Sam Morales, M.A., *Editor asociado*
Kevin Panter, *Diseñador gráfico superior*
Jill Malcolm, *Diseñadora gráfica básica*

Créditos de imágenes: pág.12 National Geographic Creative/Bridgeman Images; pág.13 Javi Az/Shutterstock; pág.15 Pictures From History/Newscom; pág.16 Nido Huebl/Shutterstock; pág.18 Patryk Kosmider/Shutterstock; todas las demás imágenes provienen de iStock y/o Shutterstock.

Teacher Created Materials
5301 Oceanus Drive
Huntington Beach, CA 92649-1030
www.tcmpub.com

ISBN 978-1-4258-2848-6

Printed in Malaysia
Thumbprints.23398

Contenido

Un lugar antiguo

El mundo es antiguo. Las personas han vivido aquí por mucho tiempo. Han construido casas y otros edificios.

Estas son algunas de las ruinas en Tulum.

Algunos de los lugares más antiguos todavía **existen**. Uno de esos lugares es Tulum. Tiene muchas **ruinas**.

Tulum está en la **costa** de México. Fue una de las primeras ciudades construidas con una pared alrededor. Ahora es un parque nacional.

Este templo es la construcción más grande en Tulum.

¡HAGAMOS MATEMÁTICAS!

Barry camina 30 pasos hasta una ruina. Camina 50 pasos más hasta la playa. ¿Cuántos pasos da Barry en total? Resuelve el problema usando grupos de diez.

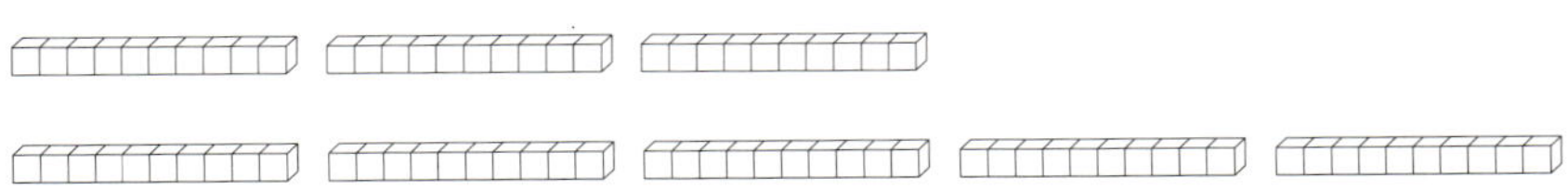

Visitar Tulum

Personas de todo el mundo visitan Tulum. Vienen a ver las ruinas. También vienen a ver la tierra y las playas.

Tulum es conocida por su belleza. La tierra verde toca los **acantilados** rocosos. Los acantilados caen sobre la playa arenosa. El agua azul va y viene sobre la **orilla**.

¡HAGAMOS MATEMÁTICAS!

Una clase va de viaje a Tulum. El Sr. Brook lleva a 32 estudiantes. La Srta. Sánchez lleva a 7 estudiantes. ¿Cuántos estudiantes hay ahora allí? Dibuja o coloca objetos en una tabla de valor posicional para resolverlo. Escribe una ecuación para demostrar tu razonamiento.

Decenas	Unidades

Las ruinas

Los mayas construyeron la ciudad de Tulum. Vivieron allí hace mucho tiempo. Estuvieron seguros por muchos años.

Botes mayas llevan objetos a Tulum.

Luego, llegaron personas de España. Se adueñaron de la tierra. Destruyeron a los mayas.

Estas estatuas muestran a los españoles derrotando a los mayas.

Los edificios eran importantes para los mayas. Construyeron muchos.

Las ruinas en Tulum eran palacios y **pirámides**. Ahora están **deteriorados**. Pero se sabe cómo se veían.

Personas mayas trabajan en el gran templo.

Hay muchos cenotes cerca de las ruinas. Son hoyos hundidos en la tierra. Los hoyos están llenos de agua.

Los mayas usaban los cenotes. Hoy en día las personas visitan los cenotes cuando van a Tulum.

Este cenote se encuentra en un lugar profundo debajo del suelo.

¡HAGAMOS MATEMÁTICAS!

Milo explora los cenotes en Tulum. Explora 18 cenotes el lunes. Explora 9 cenotes el martes. ¿Cuántos cenotes explora en total? Resuelve el problema usando una recta numérica vacía. Escribe una ecuación para demostrar tu razonamiento.

Viejo y nuevo

El parque nacional Tulum es famoso. Muchas personas van allí. Van a ver la belleza. También van a ver cómo eran antes las cosas.

El viejo mundo y el nuevo mundo se encuentran en Tulum.

Estos bailarines actúan vestidos de mayas.

Resolución de problemas

Laurel toma fotos en su visita a Tulum. Usa la tabla para responder las preguntas. Demuestra tu razonamiento usando palabras, números o imágenes.

1. ¿Cuántas fotos de ruinas y cenotes toma Laurel?
2. ¿Cuántas fotos de ruinas y playas toma Laurel?
3. Laurel quiere tomar 100 fotos en total. ¿Cuántas fotos más tomará?

Lugares	Cantidad de fotos
ruinas	43
playas	20
cenotes	30

Glosario

acantilados: áreas de tierra empinadas que caen verticalmente

costa: la orilla del mar y tierra que está cerca de ella

deteriorados: que están en mal estado

existen: aún están

orilla: límite de la tierra que la separa de un cuerpo de agua

pirámides: grandes construcciones con bases cuadradas y caras triangulares

ruinas: construcciones antiguas que se han desgastado con el tiempo